MÉMOIRE

sur

LES HARAS

PAR LE CHEVALIER DE LA PLEIGNIÈRE

DIRECTEUR DE L'ACADÉMIE D'ÉQUITATION DE CAEN, DE 1765 À 1794

précédé

D'UNE NOTICE

SUR L'ANCIENNE ÉCOLE D'ÉQUITATION

PAR C. HIPPEAU

CAEN

TYP. DE A. HARDEL, IMPRIMEUR-LIBRAIRE

RUE FROIDE, 2

1862

MÉMOIRE

SUR

LES HARAS

PAR LE CHEVALIER DE LA PLEIGNIÈRE

DIRECTEUR DE L'ACADÉMIE D'ÉQUITATION DE CAEN, DE 1765 A 1791

précédé

D'UNE NOTICE

SUR L'ANCIENNE ÉCOLE D'ÉQUITATION

PAR C. HIPPEAU

CAEN

TYP. DE A. HARDEL, IMPRIMEUR-LIBRAIRE

RUE FROIDE, 2

1862

Extrait de l'Annuaire normand. — Année 1862.

C.

MÉMOIRE

SUR LES HARAS.

L'*Annuaire* de l'Association normande (années 1860 et 1861) a publié un exposé savant et une consciencieuse appréciation des réglements appliqués, depuis le règne de Louis XIII jusqu'à la dernière moitié du XVIIIe. siècle , à l'administration des haras en Normandie. L'auteur de cet estimable travail , M. Joseph de Robillard de Beaurepaire, a mentionné, parmi les hommes spéciaux qui avaient, avant lui , traité le même sujet , non moins intéressant aujourd'hui qu'il l'était alors, M. le chevalier de La Pleignière, directeur de l'ancienne Académie d'équitation de la ville de Caen. Un des mémoires de cet habile professeur étant tombé entre mes mains (1) , je me suis empressé de le communiquer à l'honorable Directeur de l'Association normande , qui en a, comme moi, jugé la publication utile. Je ferai précéder cet écrit de quelques mots sur l'auteur, et en même temps sur l'École que son beaupère , M. de La Guérinière et lui ont, successivement dirigée depuis l'année 1728 jusqu'à la Révolution.

L'emplacement de l'Académie d'équitation de Caen

(1) Ce mémoire et la correspondance du chevalier de La Pleignière sont conservés aux archives du château d'Harcourt.

était anciennement une propriété particulière, désignée
sous le nom de *Luxembourg*. La rue qui y conduit n'était
qu'une venelle, qui fut élargie aux dépens du cimetière
de St.-Martin, d'après des arrangements faits avec la
fabrique de cette paroisse.

En 1719, un nommé Jean Poussière avait formé le
dessein d'établir à Caen une école d'équitation, et il en
avait obtenu l'autorisation de Charles de Lorraine, grand
écuyer de France. Mais, faute de moyens et de secours, il
ne put mettre son projet à exécution.

Un habile écuyer du Roi, M. Desbrosses de La Guérinière (1), fut plus heureux. Il obtint, en 1728, du
maréchal de Coigny, gouverneur de Caen, l'autorisation
de fonder, à ses frais bien entendu, une académie dans
cette ville. Il fieffa, dans le local où se trouve encore
aujourd'hui cet établissement, une maison et un jardin,
acheta une autre portion de terrain sur lequel il fit con-
struire des bâtiments, des manéges et des écuries.
Messieurs de la ville le laissèrent faire et furent heureux
de voir s'élever, sans bourse délier, un institut hippique
qui devint bientôt florissant, et procura à la ville d'in-
contestables avantages.

Mais M. de La Guérinière s'était imposé des charges
considérables pour créer une de ces maisons, qui ne
peuvent jamais se fonder et se maintenir que par de
larges subventions, ou, ce qui vaudrait mieux encore,
par ces associations privées, au moyen desquelles nos
voisins d'Outre-Manche se passent du concours de
l'État. Malgré la réputation dont il jouissait, malgré le
nombre des jeunes gens de famille, français et étrangers,

____

(1) Il prenait aussi le nom de Robichon de La Guérinière.

qu'il sut attirer chez lui, il eut, sous les brillantes apparences d'une prospérité réelle, à lutter pendant 37 ans contre les difficultés d'une position toujours précaire.

En 1758, il abandonna au Roi sa maison et ses dépendances, en échange d'une concession de 192 arpents 95 perches, d'un terrain faisant partie des plaines de Cormelles. L'établissement devait continuer à servir d'Académie, sous l'administration de M. de La Guérinière et de ses successeurs. Ceux-ci ne devaient avoir à leur charge que les menues dépenses, et c'était sur les revenus de la ville de Caen que devaient être payées deux rentes foncières dont la maison était grevée.

La ville n'accepta pas cet arrangement. Elle ne consentit à payer les rentes, ou à les amortir, qu'à la condition de devenir propriétaire de l'Académie et de tout le terrain qui lui appartenait. Le roi y consentit (arrêt du Conseil, du 14 mars 1759), à la charge d'en laisser la jouissance gratuite à M. de La Guérinière et à ses successeurs. Ces rentes ont été amorties par la ville en 1779.

Quand il s'agit de donner un traitement au chef de l'École, ce fut encore le Gouvernement qui, « pour récompenser ses travaux et son zèle pour le bien public, » lui accorda une pension de 1,200 livres. La ville y ajouta généreusement 300 autres livres, prises sur le revenu de l'Octroi.

En 1765 l'Académie, admirablement tenue, avait rendu les plus grands services au pays et à la ville de Caen, mais M. de La Guérinière était ruiné. Il céda son établissement à son gendre, le chevalier de La Pleignière, écuyer, commandeur de St.-Lazare, déjà attaché depuis quelques années à l'École d'équitation, moyennant des

appointements qu'il avait eu beaucoup de peine à se
faire payer.

Devenu propriétaire et directeur de l'École , moyennant 50,000 livres qu'il s'engageait à payer à M. de La
Guérinière , le chevalier de La Pleignière , malgré ses
talents et son zèle , ne fut pas plus heureux que son
prédécesseur. Sa correspondance avec le duc d'Harcourt
atteste que, depuis le moment où il mit le pied dans
l'établissement jusqu'en 1791, époque à laquelle l'administration en fut confiée au chevalier de La Tour , il de-
meura constamment au-dessous de ses affaires. Chacune
de ses lettres atteste une profonde misère. C'est en vain
qu'il réclame l'assistance de la ville ou l'appui du Gouvernement : on ne lui accorde que des secours tempo-
raires, toujours insuffisants.

Une lettre écrite par lui à M. le prince de Lambescq,
et communiquée au duc d'Harcourt, fera, mieux que tout
ce que je pourrais dire, connaître quelle était en 1785 la
position du directeur de l'École, fréquentée alors presque
exclusivement par des Anglais. Ses dettes criardes dé-
passaient 45,000 livres.

« MONSIEUR LE DUC ,

« L'intérêt que vous voulez bien prendre à moi me
fait espérer que ‚vous voudrez bien avoir encore la pa-
tience de lire la lettre que j'ai écritte à S. A. le prince
Lambescq, qui contient en entier le détail de ce qui
concerne ma position.

« Mgr je dois rendre compte à V. A. de tout ce qui se
passe concernant l'Académie, établissement sous vos
ordres et honoré de votre protection. Il y a long tems

que je demande inutilement des secours. M. le cᵗᵉ de Vergennes m'a renvoyé à V. A. et à M. le Controleur général. V. A. a bien voulu m'annoncer qu'à son retour à Paris elle s'occuperoit sérieusement de me procurer un secours extraordinaire et me l'annonceroit avec plaisir. Cette espérance m'a redonné du courage, mais ne m'a pas donné la possibilité d'attendre faute de moyens. En conséquence de mon besoin très pressant je me suis encore adressé à M. de Vergennes pour obtenir des lettres de répit et j'ai en cette vuë fait un état de mes dettes forcées, déposé aux mains du subdélegué de M. l'Intendant. Cet état est envoyé à M. de Vergennes, il débute ainsi :

État des dettes auxquelles s'est trouvé forcé le chʳ D. L. P. pour soutenir l'Académie de Caen, lorsque la guerre, la cherté, les nouvelles écoles d'équitation, et la nouvelle Académie de l'École militaire sont venues (sans lui donner aucun dédomagement) lui enlever le fruit de ses travaux et de ses talents, quoique d'après la parole sacrée de Louis quinze, mise aux mains de S. A. Mᵐᵉ la comtesse de Brionne il eût acheté 50 mille livres (40 en argent, 10 en meubles), marché conclu par Monseigneur le Maréchal et Monsieur le duc d'Harcourt, en 1764, la permission de retirer en cette ville le fruit de ses avances. L'état de mes dettes à des créanciers très pressés se monte à 45,320 ⚓ non compris l'approvisionnement à faire et ce qui sera dû pour toutes les réparations forcées qu'on fait à présent, avant ma signature. Faute d'un secours très pressant laissera-t-on périr malheureux, sous le règne de la bienfaisance, un sujet qui a servi utilement le Roi et l'État pendant quarante six ans ? le soussigné espère que non. S. ma signature.

« Mʳ les Anglais ne me payent pas les quartiers commencés, de là je conclus ma chute forcément décidée,

puisque je comptois, sur l'argent que j'alois recevoir,
donner des à comptes et gagner du tems. Mais la St-Michel
semble m'annoncer mon malheureux sort, et je vas tomber
tout à coup assigné, saisi, vendu et cruellement déchiré,
et pillié par les huissiers et la cruauté de mes créanciers.

« M^{rs} les Anglais, devenus plus difficiles à contenter
qu'avant la guerre, *peut estre pour élever leur Académie de
Brunswick,* me disent que l'Académie ne peut estre *royale*
puisqu'elle n'est pas suffisamment dotée pour que le chef
ne dépende pas du caprice de ses élèves, raison qui
s'oppose à ce que je puisse y établir la règle convenable,
et que j'ai cependant eu le bonheur de soutenir avant la
guerre, parce qu'ils n'avoient pu découvrir mes facultés.
Mais aujourd'hui malheureusement ils sont au fait de
mon sort et méprisent hautement les établissements français, qui, au lieu de soutenir et encourager les chefs, les
ruinent incontestablement, et vantent beaucoup leur
gouvernement, qui, au contraire de la France, soutient et
encourage les arts et les sciences.

« Ils me disent : En vous payant nos quartiers d'avance,
qui nous répond, M^r, que vous pourrez nous nourir pendant ce tems? Et ce contre-temps affreux pour moi en ce
moment me met à découvert vis à vis de mes créanciers qui
me demandent au moins des à comptes et auxquels je ne
peux rien donner.

« Voici, Mg^r, ma triste et cruelle position que j'ai ex-
posée au corps municipal de cette ville pour le prier
de rendre compte à V. A. de ma conduite, affin qu'au
moyen de cette attestation elle puisse parler en ma
faveur. J'ose assurer V. A. que j'ai vu, tenu et lu la
signature de Louis 15 au bas d'un écrit que S. A.
Mme la comtesse de Brionne m'a montré, comme une

preuve certaine de l'anéantissement prochain des écoles d'équitation en 1763, et qu'en conséquence je me suis déterminé, pour ne pas rester oisif, à faire l'arrangement de retraitte à M. de La Guerinière.

« Je n'ai point trompé V. A. en l'assurant que j'ai trouvé le moyen d'avancer maintenant en trois mois tout écolier quelconque, autant qu'on poura faire en trois ans par les méthodes ordinaires ; c'est un fait prouvé maintenant et dont V. A. poura facilement s'assurer. Comme V. A. ne m'a pas répété de présenter ma découverte à M. de Ségur, j'espère tousjours qu'elle voudra bien en prendre connoissance elle même et ensuite la protéger en lui donnant son approbation qui sera le commencement de mon bonheur. Mon sort est si cruel que je ne peux me soutenir seulement quinze jours.

« Je me jette aux pieds de V. A. pour qu'elle me procure de quoy vivre et élever ma malheureuse famille. Je me meurs de chagrin ; que vas-je devenir, grand Dieu ! Que V. A. aye la charité de me recommander à M. de Vergennes pour des lettres de répit qui vont peut estre encore languir, et faute de pouvoir me retourner, d'arriver à l'arrière saison qui m'amène pour l'ordinaire des eleves, je vas devenir le plus malheureux des hommes. Daigne V. A. estre sensible à ma situation et ne pas refuser le plus promt secours au pauvre Lazare. Le 18 septembre. M. de Vergennes est instruit de ma situation, M. de Bron aussi, M. de Calonne aussi, qui peut prendre les ordres directement du roi, à ce que m'a mandé M. de Vergennes. »

« J'aprends que M^{rs} les Anglais que j'ai vout me quitter ; ma chutte est donc décidée : un petit mot de votre part, Monsieur le duc, à M. de Vergennes, pour hâter les lettres de répit, pouroit m'estre d'un grand secours pour me cou-

server des effets précieux pour mon talent qui m'ont
couté beaucoup d'argent et de peines à rassembler, et
qui vont m'estre enlevés et vendus pour rien. Je me re-
commande à vos bontés et vous supplie encore de vouloir bien, s'il est possible, me recommander à M. de
Vergennes. Vous voyez, Monsieur le duc, combien j'ai
besoin d'estre secouru promtement et combien il étoit
nécessaire que je fisse tout ce que j'ai fait, et malgré
toutes mes précautions j'ai bien peur d'aller mourir sur
la paille, si le Gouvernement ne vient à mon secours et
n'a aucun égard à mes longs services. Je suis avec tout
le respect possible, Monsieur le duc, votre très humble
et très obéissant serviteur.

« Le ch^r DE LA PLEIGNIÈRE.

« Caen, ce 25 septembre 1785.

« J'espère qu'on ne saisira pas l'uniforme de capitaine
de vos gardes et autres choses que je pourrois dire ap-
partenir à Monsieur le duc, comme livres rares et prétieux
que vous m'aviez prestés. Je ne veux pas faire de tort
à personne, mais je voudrois bien sauver des effets qui
ne seroient vendus rien et qui me sont très prétieux.
Enfin, Monsieur le duc, aidez moi de vos conseils pour
me tirer de ce mauvais pas, et accordez moi la continua-
tion de l'honneur de votre protection, pour que ie puisse
vivre et élever ma famille. Tout ce qui pourra me soutenir en l'état où je me trouve réduit, mon épouse vous
supplie de nous secourir de tout votre pouvoir.

« Dans l'état de mes dettes envoyé à M. de Vergennes,
j'ai cru pouvoir employer sans vous déplaire, Monsieur
le duc, le secours que vous avez eu la générosité de me
procurer et dont je conserve la plus vive reconnoissance. »

Le cœur saigne, lorsqu'on entend un pareil cri de détresse, poussé par un homme estimable, qui ne recueille, pour prix de ses sacrifices et de son dévouement, que l'indifférence et l'oubli !

Pour comble de malheur, le désordre le plus complet s'est introduit dans l'école. Les jeunes gens méconnaissent l'autorité du maître, et celui-ci, perdant la tête, s'adresse aux maréchaux de France, en les suppliant de maintenir chez lui la discipline qu'il est lui-même impuissant à faire observer.

Voici la lettre qu'il écrit à ce sujet :

A nos seigneurs les Maréchaux de France ou à Monsieur leur lieutenant à Caen.

« Nos Seigneurs,

« Le ch⟨r⟩ de La Pleignière, écuyer du Roi, tenant son Académie à Caen, a l'honneur de vous représenter que l'indocilité de la jeunesse augmente tant de jour en jour, qu'il est forcé d'avoir recours à votre autorité pour remettre dans son Académie la subordination si nécessaire dans un établissement de cette espèce. Les jeunes gens confiés à ses soins, s'imaginant pouvoir ne reconnoître aucune autorité que celle de leurs passions, les suivent aveuglément et méprisent hautement et les établissements et les chefs. Étant arrivés à l'Académie de Caen, ils ne font aucune attention aux représentations du ch⟨r⟩ de La Pleignière, lequel désirant comme par le passé maintenir le plus grand ordre chez lui, vous supplie, nos Seigneurs, de vouloir bien lui subvenir comme autrefois du vivant de M. de Précorbin, qui vous faisoit respecter en sa personne, en secondant le ch⟨r⟩ de La Pleignière de façon que

ceux de ses pensionnaires qui ne gardoient pas les arrests
que le ch' leur avoit imposés, recevoyent de sa part un
de vos gardes aux frais du jeune rebelle, et que si ensuite le jeune homme maltraitoit de parole ou d'effet
led'. garde, M. de Précorbin alors le faisoit conduire au
château, où, gardé à ses frais, il le tenoit plus ou moins
longtems, suivant la gravité de sa faute.

Aujourd'hui, la jeunesse, devenue plus indocile et plus
libertine que jamais, croit pouvoir faire tout ce qu'elle veut
et méprise votre tribunal et son pouvoir. Aux risques de
brûler l'Académie et tout le quartier, d'estropier ou tuer
les passants, les jeunes gens ont toutes sortes d'armes,
tirent inconsidérément dans leurs chambres, par les
fenêtres sur ce qui se présente, poursuivent les chats
à coups de pistolet jusques dans l'écurie, les tuent sous
le lit des palfreniers, courent après les filles et femmes
de la maison, font des indécences horribles, ne res-
pectent personne, et joignent à ces actions les dis-
cours les plus insolents contre le chef, qui conjecture
que les égards qu'il a pour eux le rendent mépri-
sable à leurs yeux, en ce qu'ils croyent qu'il ne peut
et n'ose les punir. C'est pourquoy il a l'honneur de vous
supplier, nos Seigneurs, comme il s'agit ici de discipline d'éducation, de vouloir bien instruire le suc-
cesseur de M. de Précorbin de vos intentions à suivre
pour maintenir le bon ordre, réprimer les vices, mettre
en leur place la vertu et les bonnes mœurs, apanage de
la vraye noblesse, et enfin pour faire respecter l'autorité
d'un aussi illustre tribunal que le vôtre. Feu Mg' le maréchal d'Harcourt a tenu trois mois au château de Caen
un jeune pensionnaire pour ses fautes, comme punition
d'éducation, et cet exemple produisit le meilleur effet

possible, en rétablissant non-seulement le bon ordre dans
l'Académie, mais encore dans la jeunesse de la ville. »

Le ch^r DE LA PLEIGNIÈRE,

Écuyer du Roi, tenant son Académie à Caen.

Présenté le 7 octobre 1785.

MM. les Maréchaux jugèrent avec raison que c'était
aux autorités locales à s'occuper des moyens de rétablir
le bon ordre dans l'Académie. Ils prièrent le chevalier
d'Anctoville, leur lieutenant à Caen, de s'entendre, à
ce sujet, avec elles.

A plusieurs reprises il avait été question de donner à
l'Académie d'équitation un caractère officiel, en l'érigeant
en *École royale*, subventionnée par le Gouvernement.
C'était une bonne pensée. Les avantages que procurait
au pays l'institution fondée par M. de La Guérinière,
étaient trop éclatants pour que l'on ne songeât pas à la
soustraire aux chances de ruine qui sont le partage de
toutes les institutions privées. Quelques pensionnaires de
moins, des accidents imprévus, une guerre avec l'Angle-
terre, une gestion plus ou moins habile, la conduite plus
ou moins régulière d'un directeur, pouvaient à chaque
instant compromettre l'existence de l'Académie d'équitation.

En 1780, d'après les conseils de M. Duperré de L'Isle,
le chevalier de La Pleignière avait proposé à M. de Vergennes de se charger, moyennant un traitement fixe de
12,000 livres, qu'il recevrait comme directeur de l'Académie, et une allocation de 24,000 livres, d'habiller, de
nourrir et d'instruire quinze pauvres gentilshommes,
qu'il recevrait à l'âge où ils sortaient du collége de Beau-

mont pour entrer à l'École militaire. M. l'intendant Es-
mangard appuya chaudement cette proposition, à laquelle,
malheureusement pour M. de La Pleignière, on ne donna
aucune suite.

L'année suivante, un coup de fortune sembla devoir le
tirer d'affaire. M. de Courcelles, capitaine au régiment
de Languedoc, lui proposa de lui céder son établissement
au prix de 50,000 livres. Le nouveau directeur fonderait
une école de dressage, s'occuperait de la remonte des
troupes, recevrait les officiers de cavalerie, et n'admet-
trait point de pensionnaires. Les étrangers qui viendraient
suivre ses leçons se répandraient dans la ville et ne
causeraient à l'intérieur de l'Académie aucun embarras.
Mais il fallait, pour mettre une maison sur ce pied, l'appui
de *Messieurs de la ville*, et l'Administration municipale,
toujours peu disposée à s'imposer des sacrifices présents
dans l'espérance d'un avantage futur, répondit à M. de
Courcelles, comme elle l'avait fait à M. de La Guérinière
53 ans auparavant : « Marchez! si vous réussissez, comptez
sur notre appui. »

Le pauvre chevalier de La Pleignière continua donc
à rouler son rocher de Sisyphe, jusqu'au moment où
la Révolution française vint imprimer au pays une vio-
lente secousse et donner l'essor aux projets et aux es-
pérances de ceux qui croient que du chaos doit jaillir
la lumière.

M. de La Pleignière était à Paris en 1791; il remuait
ciel et terre pour appeler sur l'Académie de Caen l'attention du Gouvernement, occupé d'affaires beaucoup plus
sérieuses, lorsqu'il apprit que l'Administration s'emparait
de son établissement, et considérait son absence comme
un abandon. Il venait de perdre la pension attachée à son

titre de directeur de l'Académie, et de plus sa comman-
derie de St.-Lazare ; il demandait qu'on lui remboursât,
du moins, les 50,000 livres payées à M. de La Guérinière
pour l'acquisition de son privilége.

J'ignore quel a été le résultat de sa réclamation et
même ce qu'est devenu, à partir de ce moment, M. de
La Pleignière. Je trouve installé à l'Académie, en l'an III
de la République une et indivisible, le citoyen Alexandre
Latour, *mis en réquisition*, le 27 germinal, par le Comité
de salut public, pour être employé en qualité de chef
de l'École d'équitation de la ville de Caen. C'était,
d'après les notes favorables données sur le citoyen Latour
par le représentant Romme, que le gouvernement révo-
lutionnaire l'avait installé à la place du chevalier de La
Pleignière, « pour donner des leçons et fournir des chevaux aux militaires de toute arme qu'il devait recevoir
dans l'établissement. »

Seulement le citoyen Latour, qui déjà depuis plusieurs
années avait enseigné gratuitement à Caen les principes
de l'équitation et les manœuvres militaires, demandait
cent mille francs pour renouveler le manége et réparer
les bâtiments. Il réclamait, de plus, un traitement convenable pour lui et les employés de la maison.

Le tout lui fut libéralement accordé par le Gouvernement, qui écrivit à l'Administration municipale de Caen
pour avoir son avis sur le chiffre de l'allocation de-
mandée, et sur le traitement qui pourrait être affecté
au citoyen Latour.

L'Administration municipale s'empressa de donner une
réponse favorable. Le Gouvernement voulait bien prendre
à sa charge l'administration de l'École d'équitation. Il ne
pouvait donc, à son avis, rien faire de plus juste et de

plus utile que d'employer, pour lui donner une nouvelle
vie, la modique somme de 100,000 fr.!

Les administrateurs municipaux écrivirent, le 26 flo-
réal an IV, aux citoyens membres de l'administration
départementale du Calvados, que le citoyen Latour avait
acquis des droits à la reconnaissance du Gouvernement
en donnant gratuitement des leçons aux officiers de hus-
sards qui avaient été en garnison à Caen.

« Si le secours demandé est essentiel au citoyen
Latour, disaient-ils, il ne l'est pas moins pour l'avantage
de la commune dans le sein de laquelle les jeunes
étrangers viennent verser leur opulence, lorsque la paix
rétablit les liaisons qui laissent libres l'entrée et la sortie
de l'État. Le plus grand nombre des administrateurs municipaux se souviennent des beaux jours de M. de La
Guérinière, et certes, alors, les marchands, les joailliers,
les artisans en tout genre partageaient l'avantage qui
contribuait à sa fortune (1). »

On a vu quelle fortune avait faite le pauvre M. de La
Guérinière !

Je n'ai pas besoin de dire que les cent mille francs
d'indemnité et le traitement alloué au citoyen Latour ne
figurèrent que sur le papier.

La nécessité de donner à l'École d'équitation une organisation fixe, et d'assurer son existence par une large
subvention, a été reconnue par tous les gouvernements
qui ont suivi la Révolution.

Mais ce n'est qu'en 1861 que cette organisation tant
désirée a pu enfin être donnée à une institution dont
jamais l'utilité n'avait été plus hautement reconnue.

____

(1) Ces pièces sont conservées aux Archives municipales de la ville
de Caen.

C'est à l'active et puissante initiative du général Fleury, directeur général des haras, que sera due la fondation, sur des bases solides, d'un établissement soutenu désormais par la ville, par le Conseil général et par le Gouvernement, qui s'est chargé de la glorieuse mission d'encourager toutes les entreprises ayant un caractère d'utilité publique.

L'École de dressage et d'équitation de Caen relève aujourd'hui de l'Administration des haras, en ce qui touche sa marche et son organisation. C'est à cette administration qu'appartient la nomination du directeur et du haut personnel. L'établissement a été confié à l'habile et intelligente direction de M. le comte de Montigny, ancien écuyer commandant de l'École des haras et ex-écuyer à l'École de Saumur.

Le but de cette institution est de donner une grande impulsion à la question hippique en général, et de répondre à tous les besoins d'un pays où l'élève du cheval est une des premières industries.

L'École donne ses soins au dressage des jeunes chevaux destinés au luxe et au commerce, tant au point de vue de l'attelage qu'à celui de la selle.

Elle se charge de dresser et d'entraîner au trot et au galop les jeunes étalons parmi lesquels l'Administration des haras fait son choix.

Elle élève un certain nombre de jeunes gens destinés à former des cochers, des piqueurs et des palefreniers pour les haras.

Enfin, elle répand, au moyen d'un enseignement équestre sérieux, les connaissances théoriques et pratiques qui font généralement défaut en Normandie.

MÉMOIRE DU CHEVALIER DE LA PLEIGNIÈRE.

« De tous tems , on a reconnu l'utilité des chevaux : Aristote , Pline , Xénophon , et depuis eux Jean Tacquet et le duc de Neucastle , ont traité des haras ; en 1683, on a commencé à y donner , en France , une attention particulière ; en 1717, le Roy , de l'avis de M. le duc d'Orléans (1), son oncle , régent , fit un réglement fort étendu sur l'administration des haras.

« Avant l'établissement des haras , il y avoit des coureurs qui , avec trois ou quatre chevaux entiers plus ou moins beaux , se promenoient dans les campagnes et s'accommodoient avec les fermiers pour faire couvrir leurs juments.

« Ces étalons étoient maintenus en vigueur par l'exercice de la route , et les juments qui en étoient couvertes rapportoient presque toujours ; ce qui faisoit l'avantage des coureurs, puisqu'ils n'étoient payés qu'autant qu'elles produisoient.

« Ensuite , les nobles et même les laboureurs curieux de beaux chevaux s'attachèrent à acheter et élever les poulains qui leur paroissoient de distinction. C'est par ce moyen que la France a eu de beaux chevaux : on prétend même que c'est l'origine de l'espèce normande. Ce qui

(1) Réglement du 22 février 1717, de l'Imprimerie royale.

est certain, c'est que chaque province a son espèce de chevaux, laquelle a ses qualités particulières.

« Les parties de la France propres à élever des chevaux s'en peuplèrent assez, non-seulement pour fournir le royaume, mais encore pour en vendre aux autres nations qui n'en avoient pas d'aussi bons que nous. Des guerres survinrent qui épuisèrent, comme à l'ordinaire, les chevaux. On ne s'en aperçut que trop tard. Les étrangers, qui avoient senti la nécessité et l'avantage des haras entretenus, s'en étoient fournis à nos dépens, et profitèrent bien de leurs soins, lorsque nous nous aperçûmes de notre negligence et que nous fûmes forcés d'avoir recours à eux.

« En 1665, le Roy fit distribuer plus de 200,000 cavales et beaucoup de beaux étalons frisons, danois, barbes, etc. M. Garsaut fut chargé d'en faire la répartition, et eut la direction du haras du Roy établi à peu près dans le même tems à St.-Ligère, à Yveline.

« En 1668, il y eut un arrest de rendu pour fixer les privilèges accordés aux garde-étalons; ces privilèges engagèrent plusieurs particuliers à avoir à leurs frais des étalons qu'ils faisoient approuver. On sent bien que, pour être reçus, il falloit qu'ils pussent soutenir la comparaison avec ceux que le Roy avoit fournis. Ainsi ils ne pouvoient qu'être beaux.

« En 1683, M. de Seignelay, fils de M. Colbert, confirma par un arrêt les privilèges accordés; il condamna les propriétaires d'étalons non approuvés à perdre leurs étalons et à 300^{tt} d'amende.

« Les haras commençoient à renaître lorsque arriva la mort de MM. de Seignelay et de Louvois, et que la guerre vint interrompre les progrès de cet établissement.

« Quelques particuliers, curieux et assez riches, conservèrent à travers les désastres de la guerre la belle espèce en Normandie : elle s'y est maintenue longtems : les connoisseurs les plus âgés prétendent qu'il y a encore un gentilhomme ou un fermier, aux environs d'Alençon, qui a conservé la vraie tournure des bons et beaux chevaux normands, tournure, vraisemblablement qui n'est que celle qu'un vrai connoisseur voit dans un ensemble suivi de toutes belles parties faites les unes pour les autres et animées par une grande quantité d'esprits, qui, sans se confondre, s'agitent au plus leger avertissement qu'on leur donne.

« Des gens du premier ordre et de tous les états, consultés en 1717 (1), ont estimé que deux années de guerre avoient fait sortir, pour les remontes seulement, plus de deux cens millions de la France. Cette somme y seroit restée si le royaume eût été fourni de chevaux. Il est constant que tout l'argent qui passe chez les étrangers, pour le commerce des chevaux, ne rentre en aucune façon dans la France, et qu'elle perd l'avantage qui résulte de la circulation des espèces : ainsi, il s'agiroit de maintenir dans le royaume ces sommes considérables et de les y faire valoir au profit du roy, en faisant l'avantage de la nation.

« Si les fonds destinés à entretenir des haras ne sont pas suffisants, il faut chercher le moyen de les augmenter. Mais, avant d'entrer plus en matière, il sera bon de détruire les raisonnemens de quelques personnes qui prétendent que les haras sont inutiles ; qu'on doit à cet égard laisser liberté entière ; que les particuliers auront des

____

(1) Règlement des haras de 1717, p. 95.

chevaux s'ils y trouvent leur compte ; et que si on n'en
elève point, on continuera de faire comme on a fait, et
que l'étranger en fournira. Un pareil raisonnement ne
peut partir d'un vrai patriote, mais d'un homme trop
peu instruit et qui ignore que l'avantage de conserver
l'argent dans le royaume est trop considérable pour n'y
pas apporter les plus grandes attentions.

« Il y a longtems qu'on a dit que si la France savoit
profiter de ses avantages, elle trouveroit chez elle de
quoi se passer du secours des étrangers, pour tout, et
surtout des chevaux, dont elle peut élever d'assez beaux
pour faire elle-même les profits immenses dont elle en-
richit les autres nations.

« On a observé ci-devant qu'en deux années de guerre
il étoit sorti du royaume, pour les remontes seulement,
plus de deux cens millions ; sans parler de l'argent qui y
passoit comme à présent pour les chevaux de chasse et
de carrosse.

« Il s'agiroit donc d'établir un plan d'administration
pour les haras, qui procureroient de bons et beaux chevaux en nombre suffisant pour qu'on n'eût pas recours
aux étrangers.

« Les etablissemens faits à Strasbourg et à Perpignan
semblent nous indiquer le seul plan à suivre, aujourd'hui
que l'esprit du propriétaire et du fermier est changé. En
effet, le propriétaire ne veut plus, comme autrefois,
souffrir de chevaux dans ses herbages, sous prétexte
qu'ils gâtent les fonds.

« En examinant scrupuleusement, on verra premièrement qu'on met des chevaux où il ne faudroit que des
bœufs, et que, sous prétexte d'ameliorer les fonds, on ne
met que des bœufs dans des endroits qui ne convien-

droient qu'aux chevaux. Secondement les chevaux ne
gâtent pas, comme on prétend, les herbages. Si leur
gardien a soin d'étendre leur crotin pour éviter les touffes
d'herbe qu'il occasionne, et si l'on a distribué avec art
les rigoles qui doivent arroser à propos le terrain qui
ne doit être ni mol ni bourbeux, afin de leur conserver
les pieds bien faits et non sujets à s'éclater; ce qui arrive
lorsque la corne se trouve plus imbibée d'eau. On peut
voir la preuve de ce que je dis, pour la conservation des
herbages et la beauté des chevaux, dans les prairies
très-belles, très-bonnes et très-unies de M. le duc d'Harcourt, où il élève des chevaux dont les pieds sont fort beaux.

« Il est encore à observer que les gardes des haras,
ne recevant aucune récompense de leur peine, s'y donnent
peu de soins. En effet, il y a des arrondissements d'étalons si étendus que les paysans, voulant gagner les 4th
dûes par couverture aux gardes d'étalons, préfèrent de
faire couvrir leurs jumens par les petits chevaux de
chaudronniers qui courent les villages; ce qui perpetüe
la mauvaise espèce.

« Quels moyens employer? on ne peut rien imposer
sur le maheureux paysan.

« On ne peut en apparence, dans les pays d'élection,
suivre le même ordre que dans les pays d'États.

« Le moyen le plus simple qui se présente est d'exa-
miner combien il seroit utile d'avoir, dans les autres
provinces de la France, des établissements pareils à
ceux de Strasbourg et de Perpignan; à quoi se mon-
teroient les frais de leur entretien, et si la France seroit
en état de les soutenir.

« L'Alsace a un très-bel établissement d'étalons à Strasbourg; le Roussillon a pareil établissement à Perpignan.

« La Bretagne a une forme particulière d'administration pour ses haras, dont on dit beaucoup de bien.

« La Picardie et l'Artois ont aussi la leur.

« Mais supposons que, dans chacune des autres provinces de la France propre à élever des chevaux, on veuille faire de pareils établissemens au nombre de deux, à raison de 100 étalons par établissement, et que ce nombre d'étalons puisse fournir à 2,000 jumens, en supposant que les cantons de ces provinces soient égaux pour le nombre de jumens aux différens cantons de la généralité de Caën. Cette supposition faite, voyons à quoi la dépense pourroit en monter. Ainsi donc :

« En Limousin, deux établissemens. . 2
« En Normandie, deux établissemens. . 2
« En Auvergne, deux établissemens. . 2
« En Béarn, deux établissemens. . . 2
—————
8

Ce seroit huit établissemens à former. Il faut calculer présentement à combien peut monter, par an, l'établissement de chaque.

« Je suppose un établissement complet, ce qui ne sera guères possible dans les commencemens; mais la perception des fonds dont je vais parler, une fois arrangée et continuée exactement, en augmentera la masse et donnera des moyens de perfectionner les établissemens, surtout si l'on a soin de veiller à ce que tous les ressorts de la machine soient bien choisis et fassent tous exactement leurs fonctions.

« Cent étalons à 15 s. par jour, en province, feront par an 27,375ᵗ. Supposons, pour leur déplacement au tems de la monte, 6,750ᵗ; à l'écuyer inspecteur chargé de faire à ses frais des voyages, pour rendre un compte exact au grand écuyer ou au directeur des haras et entretenir son établissement de tout au plus bas, pour l'engager à travailler. . . . . 12,000 ₶

« Un sous-écuyer à son choix. 2,000

« Deux piqueurs à 800 ₶ chaque. . . . 1,600

« Un mareschal 500

« Vingt palfreniers à 10 s. chaque y compris l'habillement, parceque mettant ses étalons dans les académies, les élèves augmenteront leurs gages et leur desserte leur procurera la nourriture. . . . . 3,650 ₶

« Il convient d'augmenter pendant trois mois de la monte la paye des palfreniers, parcequ'ils sont hors de l'Académie. Ainsi, à 10 s. d'augmentation. . 900 ₶

« Total d'un établissement. . . . . . 54,775 ₶

« Total des huit. . . . . 438,200 ₶

« Comment trouver de quoi entretenir ces établissemens ? La solution se trouve dans un projet qui a paru, et qui n'a pu être cité plus à propos : c'est de faire entretenir les haras par les chevaux mêmes, en faisant premièrement sur eux le bénéfice que fait l'étranger, et en mettant une espèce de capitation par tête de cheval. On peut diviser la totalité des chevaux employés dans le royaume en quatre classes :

« La première classe sera exempte de rien payer, comme étant la plus utile à tout l'État. Elle comprendra les chevaux indispensablement nécessaires pour la culture des terres, et il est facile de connoître exactement le nombre qu'il en faut de cette espèce, par la valeur des fermes ou la quantité des terres qu'elles contiennent.

« La seconde classe sera composée des chevaux dont leurs maîtres pourroient absolument se passer, mais qui

procurent de l'aisance à gens peu fortunés : cette classe
de chevaux ou bourriques commencera à payer quelque
chose. La troisième sera composée de tous les chevaux
qui, quoique nécessaires à leurs maîtres et même à l'État,
rapportent assez de profit à leurs maîtres pour qu'ils
doivent s'intéresser réellement à pouvoir trouver dans le
besoin de bons et de beaux chevaux, et à bon compte.
Cette classe comprendra les chevaux des voitures publi-
ques et tous chevaux d'industrie.

« La quatrième et dernière classe sera composée des
chevaux qui ne servent qu'au faste ; les personnes dans le
cas d'avoir de cette espèce de chevaux, se plaignent le
plus qu'on n'en trouve pas de beaux et bons comme autrefois, même chez l'étranger. Ils doivent donc, pour leur
propre satisfaction, s'intéresser à ce que l'espèce en tout
genre s'en perfectionne en France, où l'on peut, en se
donnant les soins nécessaires, en avoir de très beaux et
très bons pour tous usages. Ainsi, on se mettroit en état
de ne point désirer de chevaux étrangers, ni pour la
selle, ni pour le carrosse, attendu qu'en Normandie il
est possible d'en avoir d'aussi grands qu'ailleurs, comme
l'expérience l'a justifié.

« En supposant que la seconde classe puisse payer
20 s. par an par teste de cheval, et que le nombre soit
de deux cent mille, elle produira. . . . 200,000 ₶

« La troisième classe, supposée de cent mille
chevaux à 40 s. par teste, produira encore. 200,000

« La quatrième classe, supposée de cent mille
chevaux à 5 ₶ par teste, produira par an (1). 500,000
                                       « Total. . . . 900,000

(1) Paris seul fournit 12,500 carrosses, sans compter les chevaux de
selle.

« A laquelle somme il convient d'ajouter la rentrée du produit des privilèges accordés aux cinquante cinq gardes par généralité : lequel produit est évalué à 8,000ᴸ pour la généralité de Caën ; ce qui feroit, à raison de 19 généralités, la somme de 152,000ᴸ ; total, 1,052,000ᴸ, sans compter les fonds affectés actuellement aux haras.

« Les frais des huit établissemens montant à 438,200ᴸ étant soustraits, restera 613,800ᴸ, laquelle somme sera employée, tant au payement des appointemens des chefs supérieurs que pour l'achapt des étalons et les frais de perception, qui doivent se faire de la façon la plus simple.

« Pour savoir le plus exactement possible à quoi les fonds se monteront, il convient que le chef des haras soit autorisé à ordonner aux officiers municipaux des villes et aux syndics collecteurs des paroisses de remplir des états qu'il leur enverra en blanc, chaque année, de tous les chevaux ou juments qui seront dans leur ressort, observant de marquer dans ces états les usages auxquels ils sont employés, leur âge, les noms et qualités de leurs maîtres. Ils seront signés, ces états, par les plus notables desdites villes et paroisses, et ensuite remis aux chefs des établissemens, comme plus en état de les vérifier étant sur les lieux. Quand ils les auront vérifiés, ils les enverront au chef général, qui fera faire, par le trésorier du haras, la division des chevaux par classes et par noms des propriétaires desdits chevaux, avec le droit qu'ils devront payer relativement à l'espèce et à la quantité qu'ils en auront. Cette division faite, il en sera envoyé un état par le chef général aux receveurs des tailles et à chaque chef d'établissement, pour l'étendue de son département. La recette de l'année étant faite par le receveur des tailles, il sera tenu d'en envoyer aussitôt l'état au chef général des haras, qui adressera à chacun des chefs d'établissement des ordonnances pour ce qu'il aura à toucher du receveur des tailles pour le payement de son établissement. Si chaque province ne fournissoit pas assez pour l'entretien de ses établissemens, il y sera suppléé par le produit des droits sur les chevaux des provinces où il n'y aura point d'établissement, et l'excédant entrera dans la caisse des haras.

« Cette façon de faire percevoir paroît la plus simple et la plus facile, vu que les fonds ne passeront que par les syndics, les receveurs des tailles et en partie par la caisse des haras, et pour cette raison, elle doit être fidèle, pour peu qu'on tienne la main à ce que les premiers états soient remplis exactement.

« En accordant aux receveurs le sol pour livre pour les frais de perception, on pense qu'ils seront d'autant plus contents, que l'usage ordinaire est de ne donner que 9 d. par livre, dont 5 pour les receveurs généraux et 4 pour les receveurs des tailles ; mais je n'entens pas assez les matières des finances pour m'étendre davantage sur cet article. J'observerai seulement qu'en supposant le calcul ci-dessus, il resteroit près d'un million, les frais de perception prélevés, pour être employé aux établissemens proposés.

« Les étalons réunis demandent à être exercés exactement et convenablement, afin de les maintenir en vigueur et d'éviter les accidens qui résultent d'une inaction entière et continuée. Il paroît naturel d'en confier le soin à ceux qui par état doivent avoir acquis les lumières et l'expérience nécessaires, tant sur la connoissance des qualités extérieures et des perfections des chevaux que

sur le soin de leur santé et la meilleure manière de les
former et de les entretenir.

« Ainsi, ce seroit les chefs d'académie que l'on pourroit
en charger. Leur avantage particulier s'y trouveroit réuni
avec l'émulation, et vraisemblablement ils disputeroient
à qui entretiendroit en meilleur état les étalons confiés à
leurs soins. Il en résulteroit, par la suite, le renouvelle-
ment entier de la race des chevaux en France. L'on y
verroit renaître le goût de l'équitation. L'étranger devenu
plus amateur, voyant d'aussi beaux chevaux que les
siens qu'il croit sans pareils, accourroit de toutes parts
pour y puiser des connoissances.

« On pourroit placer un établissement à Caen. L'Académie est au Roy : il faudroit y ajouter des écuries convenables pour y placer un établissement de cette impor-
tance. On pourroit en placer un autre à l'Académie de
Rouen, il ne s'agiroit que d'y faire des écuries ; le manége
est neuf : il est fait aux frais de M. Costard, chef de ladite
Académie.

« Un établissement à Rouen seroit essentiel, à cause
du païs de Caux et des environs, où l'on a des exemples
fréquens de la bonté des chevaux. Le père de M. de La
Londe, qui étoit un grand chasseur, élevoit des chevaux
de bonne race et bien choisis dans ses bois de La Londe,
à 3 lieues de Rouen, et dans ses bois de La Leuze, à 3
lieues de Dieppe. On se persuadera facilement que des
chevaux élevés dans des bois sont plus agiles, plus dispos,
plus adroits et même plus vigoureux que ceux qu'on élève
dans de gras pâturages, où ils deviennent aussi pesants
que des bœufs, insensibles à force de graisse et engourdis,
n'ayant aucune occasion qui les excite à courir et sauter
pour aller chercher leur nourriture.

« On auroit même la facilité d'elever d'excellens chevaux, en parvenant à acquérir un endroit situé au bord de la forêt de Roumare, à deux lieues de Rouen, sur une hauteur, vers le couchant, au commencement d'un vallon qui descend à la rivière de Seine. Dans ce vallon sont des prairies fort larges, fort bonnes et de très grande étendue. Le lieu dont je parle consiste en une maison solide, mais gothique, placée dans un très vaste enclos, uni, entouré de murs et qui est environné de trois cotés par la forêt, entre laquelle est une fort belle pelouze aussi fort unie, de 200 pieds de large et d'un grand quart de lieue de long, très propre à exercer des chevaux en tout genre, le terrain étant sablonneux sous le gazon. Tout cet endroit est un ancien engagement du Domaine, et le Roy y pourroit faire élever ses plus beaux chevaux de chasse. On pourroit faire en ce lieu un dépôt de poulains. Ce lieu paroît fait à souhait pour rendre vigoureux et adroits les jeunes chevaux.

« Il est certain que lorsque les muscles des poulains se trouveroient formés et remplis dans de bons pâturages, ils se fortifieroient beaucoup en les cantonnant dans les bois où l'on feroit des fossés de différentes largeurs pour les accoutumer à les sauter ; et ce moyen très simple d'exercer la vigueur du rein et du jarret, leur feroit l'œil à une justesse qui est bien essentielle à la sûreté du cavalier.

« Après avoir exposé les moyens qui m'ont paru les plus simples et les plus convenables pour l'exécution du projet de réunion des étalons, et pour former des établissemens relatifs au plan, il faut à présent faire voir comment, dans la saison de la monte, on peut faire la distribution des étalons dans les différens lieux dépendans de l'établissement, et les placer de façon que les paysans puissent leur amener leurs jumens, sans trop se déplacer

et sans faire des voyages dispendieux qui interromproient
leurs travaux. Il faut, pour cette fin, que le chef de
chaque établissement, qui ne peut être qu'un homme
capable, étant choisi par le chef général, parcoure les
différens endroits de son département, et qu'après s'être
instruit du goût des habitans pour les chevaux, des qualités du terroir et des facilités pour la nourriture des
étalons, il s'informe des vieux châteaux inhabités dans la
saison de la monte, des prieurés et des abbayes, ou des
personnes qui pourroient volontairement prêter ou louer
pour quelque tems quelques écuries et quelques logemens;
et alors, sur le rapport circonstancié et motivé qu'il en
feroit au chef général, ce chef lui feroit adresser les
ordres nécessaires pour distribuer ainsi par cantons les
étalons suivant l'espèce et la quantité convenable à chaque
endroit, et suivant son mémoire, on arrêteroit l'état des
frais qu'occasionneroit ce déplacement.

« Il est bon d'observer que le dépôt des étalons le
plus éloigné de l'établissement sera au plus de quatorze
lieues dans la généralité de Rouen, et de vingt-quatre dans
celle de Caen : ce qui n'est pas un travail pénible pour des
chevaux exercés et en haleine. Il ne paroit pas non plus
nécessaire de faire des dépôts séparés pour les étalons
de carrosse. On peut aussi bien à l'établissement les
exercer à des chariots que les chevaux de selle au manége, et le chef de chaque établissement, que je suppose
un homme sage, vraiment connoisseur, zélé à augmenter
ses connoissances, embrassera facilement toutes ces parties, tant pour faire exercer les étalons à l'établissement
que pour répartir dans chaque canton ceux qui lui pa-
roîtront convenables ; et quoique le nombre d'hommes
que je propose d'employer au service de chaque établissement ne soit pas considérable, cependant je le crois

suffisant, attendu que plus ils seront occupés, plus il sera
facile d'y entretenir le bon ordre.

« Comme la manière de faire couvrir les jumens est
un article essentiel, il me semble qu'il ne sera pas dé-
placé d'en dire un mot ici. On oublie, dans la méthode
qu'on emploie ordinairement, que la nature n'aime pas
la contrainte, et l'on est dans l'usage de garrotter l'étalon
et la jument pour empêcher, dit-on, qu'ils ne se blessent,
mais cette manière me paroît défectueuse, et je crois
qu'il est facile de prévenir les accidens. On peut facilement, en présentant la jument à l'étalon, distinguer si
elle veut le souffrir : si elle y consent, on peut les laisser
en liberté dans un lieu fermé et couvert s'il se peut en
cas de mauvais tems. On verra alors que la nature en
liberté produira davantage et meilleur qu'elle ne fait
avec la façon recherchée qu'on emploie. Quant aux
étalons qui pourroient devenir méchants en les laissant
courir en liberté, il faudroit en agir différemment, et
Soleysel indique un moyen naturel de les adoucir auquel
je crois qu'il n'y a pas de réplique.

« On sait, en outre, qu'il y a des étalons reçus qui
ont couvert dès l'âge de trois ans. On ne doit pas être
surpris, après cela, d'avoir des chevaux tarés et faibles,
ayant les jarrets perdus dès leur enfance ; les étalons ne
peuvent être ni trop sains ni trop parfaits.

« Il résulteroit encore plusieurs avantages du succès
de projet de réunion : c'est que les étalons ainsi réunis
sous les yeux d'un chef habile et en état d'instruire son
monde, les différentes parties qui composent l'art vété-
rinaire seroient mieux tenues et mieux traitées en cas de
maladie ; c'est qu'un mareschal entendu, placé dans
chaque établissement, pourra transmettre à des élèves
les leçons de son maître, et chaque établissement de-

viendroit alors une école complette d'équitation et de mareschalerie, en formant une pépinière de mareschaux beaucoup plus instruits qu'ils ne le sont communément ; et que, par ce moyen, les chefs ni le mareschal ne pouvant pas eux-mêmes veiller à tout dans le tems de la dispersion des étalons, chaque détachement qu'on en feroit pourroit être accompagné d'un palfrenier mareschal élevé sous les yeux du maître et passablement instruit.

« On doit à M. de Bourgelat l'origine d'un établissement dans ce genre, à Lyon, dont l'utilité reconnue lui a mérité la reconnoissance de notre généreux gouvernement, qui ne songe qu'à encourager les talens.

« On formeroit encore dans ces établissements des cochers habiles ; c'est une espèce d'hommes trop utiles à la sûreté publique, pour ne pas désirer qu'il s'en trouve sur lesquels chaque maître puisse se reposer avec raison.

« J'entrerois dans le détail de la conduite à observer dans les différens établissements, si je croyois qu'on pût faire quelque chose de mieux que de suivre les méthodes établies par Mrs. les écuyers du Roy à Versailles, au haras d'Hyèmes et au mémoire que M. de Bourgelat a composé sur cette matière.

« Ne désirant que l'avantage général, je m'estimerai heureux si j'ai pu faire sentir combien le soutien des haras en France est un objet intéressant pour l'État (1). »

Le chr. DE LA PLEIGNIÈRE,
Écuyer du Roy, tenant l'Académie à Caen.

Le 17 février 17..

(1) Ce mémoire a été lu à la Société d'agriculture de Caen par son auteur.

COLLECTION DES POÈTES FRANÇAIS DU MOYEN-AGE

PUBLIÉE PAR M. C. HIPPEAU.

ONT PARU :

La Vie de saint Thomas-le-Martyr, archevêque de Canterbury, par GARNIER DE PONT-SAINTE-MAXENCE, poëte du XIIe siècle, précédée d'une Introduction historique; 1 vol. petit in-8°. — Prix : 6 fr., papier vélin, et 8 fr., papier vergé.

Le Bestiaire d'amour, de maître RICHARD DE FOURNIVAL, et la Réponse de la Dame, avec une Introduction et des Notes, édition ornée de 48 vignettes gravées sur bois; 1 vol. petit in-8°. — Prix : 8 fr.

Le Bel Inconnu, poème inédit du XIIIe siècle, avec un Glossaire et une Introduction; 1 vol. petit in-8°. — Prix : 6 fr., papier vélin, et 8 fr., papier vergé.

Messire Gauvain ou la vengeance de Raguidel, poëme de la Table-Ronde, par le trouvère RAOUL; 1 vol. petit in-8°. — Prix : 6 fr., papier vélin, et 8 fr., papier vergé.

SOUS PRESSE :

Amadas et Idoine, poème d'aventures.
Protesilaus,   id.

AUTRES OUVRAGES DE M. C. HIPPEAU :

Histoire de la Philosophie ancienne et moderne, Paris, Hachette, 2e édition ; 1 vol. in-8°. — Prix : 5 fr.

Histoire de l'abbaye de St-Étienne de Caen, Caen, Hardel, 1852, 1 vol. grand in-4°. — Prix : 15 fr.

OEuvres choisies de Saint-Évremond, avec une Introduction et des Notes. Paris, 1 vol. in-12, 1852. — Prix : 4 fr.

Les Écrivains normands au XVIIe siècle, 1 vol. in-12. — Prix : 2 fr.

Le Théâtre à Rome, 1 vol. in-8°. — Prix : 6 fr.

Le Bestiaire divin, de Guillaume, clerc de Normandie. (*Épuisé.*)

Mémoires inédits du comte Leveneur de Tillières, sur Charles Ier, et son mariage avec Henriette de France, précédés d'une Introduction historique. — Paris, Poulet-Malassis, 1 vol. gr. in-18.

Lettres inédites de la princesse des Ursins, de Mme de Maintenon, du prince de Vaudemont, du maréchal de Tessé et du cardinal de Janson. 1 vol. in-8°. — Prix : 5 fr.